あいつの面影

極私の歌をころがして

YODA Yoshiharu

依田仁美

北冬舎

プロローグ

ペットロス症候群という言葉には学術的な冷たさがある。いっそのこと、理屈で片付けるならば、部屋の空間が彼の体と同体積分だけ広くなっただけで、何も変わっていない、というべきだろう。が、いかに強がろうと、さびしさは覆うすべもない。そのすべなさを、どうして埋めようかと案じていたところ、なんと、「《雅駆斗（がくと）》の手記」が出てきた。彼の面影の強く残るクッションの下から。「さすが、わたくしの「異種息（いしゅそく）」。」と、さっそく、これをうち開いてみた。

「手記」には、彼のつぶやきが残されていた。独り言のようで、誰かに語りかけるような文体。むろん、手記とははなからそういうものだが。誰かに語りかけたかったのなら、彼の本意に沿うと思われるので、「手記」のうちのわたくしに関わる部分だけを、ここに小声で公開させていただこうと思う。彼の九回におよぶ陳述とわたくしのおぼろ心を交錯させてみたい衝動を、どうかお許しいただきたい。プレイボールは彼の手記の冒頭とさせていただく。以下、「表」は「雅駆斗」、「裏」は「仁美（よしはる）」という「文担」である。

一回表　**ぼくの家族と《とう》のこと**

《とう》は、ぼくには限りなくやさしい。《にい》にいわせると、「おやじが甘やかすから《雅駆斗》がのさばるんだ」って。

実際に、《とう》はやさしい。ぼくがなにを考えているかを考えてくれているように見える。でも、買い被りかな。ヒマなだけなのかもしれない。

《とう》は、ずっとなにかを書いている。ぼくはちゃんと知っている。ぼくがここのニンゲンになるずっと前から、《とう》が〝短歌〟を書いているということを。でも、《かあ》の話だと、《とう》の書く〝短歌〟は不人気なんだそうだ。たぶん、やさしすぎるから、みんなになめられてるんだろう。

ニンゲンとしては、変わっているほうなのかもしれないな。ふつうの「ニンゲン」より、ずっと「イヌニンゲン」のぼくに近いもの。不人気もうなずけるよ。

《とう》には、ヘンな習慣がある。ときには、庭も狭しと、やたらと、空気を蹴ったり、突いたりする。不人気のフラストレーションを発散しているんだろう。あの生活には、これは必須だね。《にい》に聞くまでは「空手の形」だとは知らなかった。ときどき、どう見ても「空手形」じゃないか、と思うようなシグサもあるけれど。

それから、休みになると、やたらと刀を振り回す。これは「居合の形」だという。《とう》は作品の中では、「刀」を「とう」と読むことが多いらしい。ここで、門前のイヌ、習わぬ歌を詠む。

日曜日とうがとうを振り回しとうがとうに振り回されにけるかも　ワンワン。

一回裏　キミとの出会い

キミとの出会いも、海辺に虹が立つように唐突だった。その状況は今も鮮明だ。《かあ》《にい》がイヌを飼いたがっていた期間は、おそらく永かったのだろうけれど、《かあ》はイヌが嫌いだった。正確にいうと、怖かったらしい。そして、わたくしはどちらでもない、いわゆるフツー。

が、ある日、突然、家にイヌを飼う雰囲気が満ち満ち、その日のうちに近所のわんちゃんショップを数軒見て、翌日の土曜日、つくば市のショップにもう行っていたのだよ。

そして、最初の店で、《にい》があっさりとキミに決めた。あまり早いので、キミには悪いが、「これで、ほんとうにいいのか」と、《にい》に聞いたさ。そうしたら、「こいつしかいない」というんだ。キミは生後二か月にも満たない、白とセーブルのもっさりしたちびイヌだった。世にもおとなしくうずくまっていたよ。

小さなボール箱に入れられて一時間、家に入るときには、もう名前もついていた。一〇センチほどの短いロープが、キミがふる里から持参した、ただひとつの財産だった。

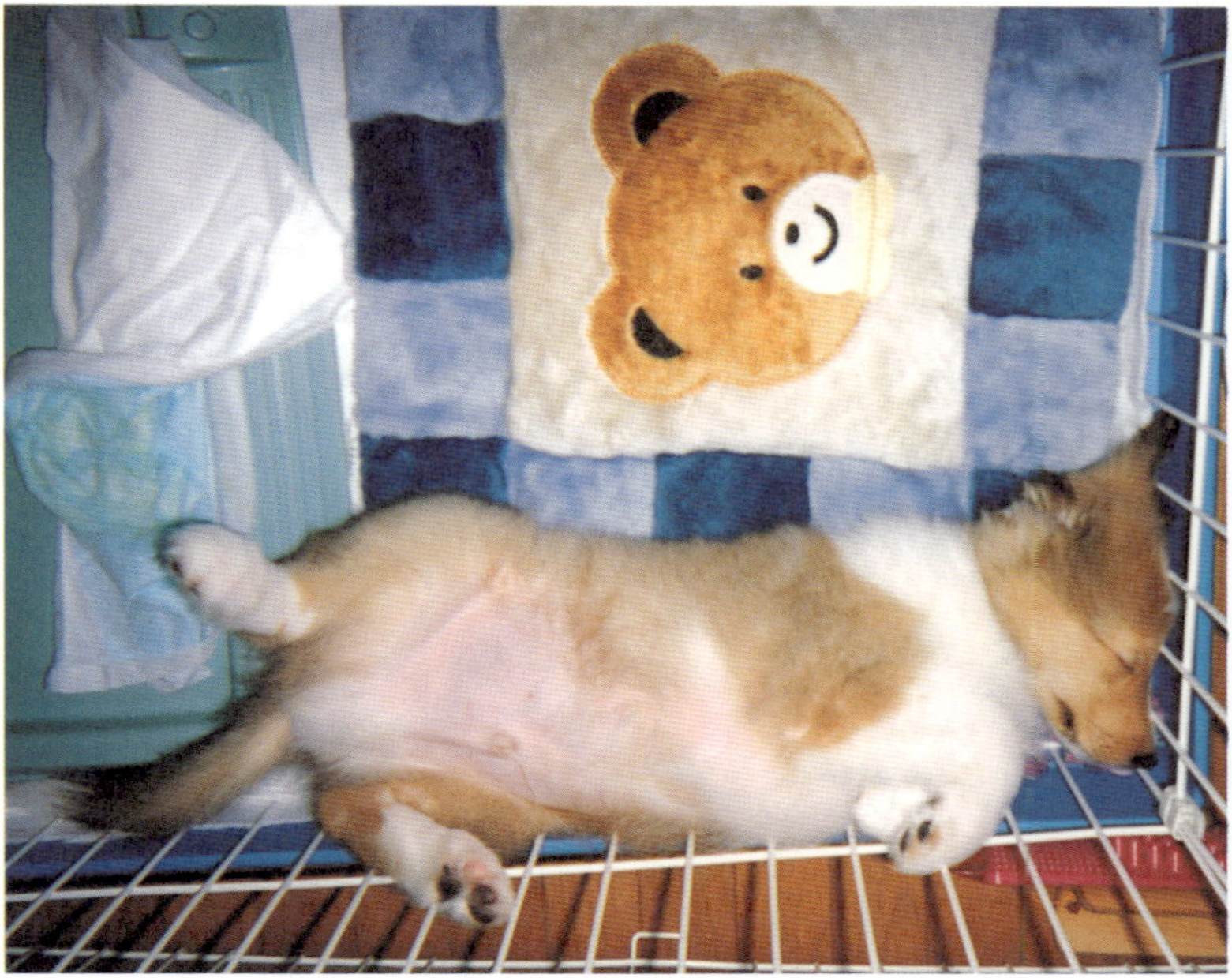

頓狂

到着の直後は床を嗅ぐばかりおそるおそるにキミの背を嗅ぐ

仔犬こそ小宇宙なれ犬色に弧の飛翔して孤の闇をもつ

仔犬にも秘めて伝えるものとして穏やかにして対の狼爪（ろうそう）

ひとしきり《がるる》と唸りいたりしが《焦がるる》までに尾を振り振り振る

きびきびと《お手》《おかわり》を成し遂げて腰をしっかり落とすお得意

けさ犬は蟬に食指をほの見せて食物連鎖の端を示しつ

頓狂に尾を振り立てて車追ううしろ姿のこの上下動

ぼくのこと

このへんで、ぼくの話をします。名前は《雅駆斗》。イヌの名前は、その家庭の文化をショーチョーするらしいけれど、ぼくのはどうも「ビジュアル系」か、「走り屋系」。《にい》がつけてくれたらしい。とても、気に入っている。けれど、せっかくの名前なのに、ちゃんと呼ばれることは少なくて、「がっくん」「犬次郎」なんて呼ばれることも多い。

当年六歳。そろそろ、いい歳です。ちなみに、イヌの厄年は七歳だそうです。

ぼくはシェットランド・シープドッグという、もともとイギリス系の「ニンゲン」らしい。《とう》は徹底した日本趣味らしいので、ぼくなんかよりも、紀州犬かなにかがお好みだったかもしれない。

雉なんかも好きらしくて、散歩していて、たまたま声が聞こえると、「キミの弟分だ」なんていうんだ。家には雉だの、白い虎だの、そういうものばっかり。でも、楽しいわが家だ。

二回裏　囓りぐせ

キミの財産は日に日に増えた。三人が競争で貢いだ感もある。行列の後尾について、風船をもらって帰った。キミに「もらってもらった」喜びは今もなつかしい。

その頃のキミはといえば、ありとあらゆるものを、それこそ囓りまくっていた。キミの口の高さ、床から二〇センチあたりから下の物にはことごとく、キミの歯形がつけられた。椅子の脚、階段のへりなど、籐製の座卓の脚は完全なささらになってしまった。

前脚を立てかけてもたれれば、もっと上まで届く。そう、あの、絵本にある大昔の哺乳類・メガテリウムのような格好でも、よく囓っていた。そりゃあ、困ったさ。でも、これこそが、ちび犬「わんた」（キミの幼名だ）の正に生命力そのもののようで、「いいじゃないか」とばかり見つめていたのだよ。

メガネのつるは何度囓られたことか。Kanesashi さんも、わたくしが行くだけで用件がわかったくらいだもの。

キミは日に日に大きく、たくましく、利発になっていった。そして、わたくしたち人間も、その成長を楽しむようになっていた。この頃から、キミを「飼う」とはいわなくなっていた。明らかに「育てる」という心持ちになっていたのだよ。「ケージ」と「お部屋」の出入り、やがて、散歩デビューしたのだったね。

破顔

ちいさ歯のあとありありと家具の上仔犬嵐（こいぬあらし）のくまなき波及

迅きことは dog year の如しとぞあわれよ雅駆斗浅速呼吸

おおキミの弟分の雉が啼く聞いて犬歯を立てるカンロク

罵詈罵詈（ばりばり）　急雨を放つ雷鳴に雅駆斗尖（とが）りて喚（おら）ぶたそがれ

わが雅駆斗石段登り振り返り破顔一笑これはほんとう

手ひどく　犬を叱れば喉元の大慈大悲が待ちねえという

拾い食いそれはいかんぞなあ雅駆斗余輩（よはい）は夢を拾い食うなれど

三回表

《とう》はすこしヒジョーシキ

《とう》はやっぱり、すこしだけ、世間的にはヒジョーシキらしい。ぼくはこんなもんだと思っているけれど、それでもときどき、ぼくにさえ、ヒジョーシキさがこぼれて見えるように思うことがある。

やだなあ。でも、もともと、「イチゴは夢よただ狂え」とか、「シノビ草には何をしよぞ」とか、ヘンなのにかぶれているからね。

《とう》は、ぼくにも唐突に、「貴様のロウセイはどうした」なんて訊くんだ。《にい》が「なんだ、それは」って訊いたら、「オオカミのホンショーだ」なんていっていたね。でも、ぼくだって、顎の筋肉はまだ残っていると思うよ。

《とう》にいわせると、生き物には闘争心が必要なんだという。自分のために自分の全能力をケッシューできるのが、トーソーのときなんだって。ぼくの走る格好と、跳びあがるときの力と、そして、ぼくの牙をとくにソンチョーしてくれているらしい。

三回裏　雅駆斗という名前

ヒジョーシキなもんか。そもそも、詩なんてもなぁ、銀河みたいなもんだ。大づかみにはだれもが知っているようで、じつは複雑怪奇で、定義さえ難しい。渦巻銀河論争だって、シロウトにはポイントさえわからない。銀河は綺麗な殷賑（いんしん）なんだ。それでいい。みんなが守るために作られた法律だって、文理解釈とか、論理解釈とかいって、別の解釈を持ち出してもめるんだから、詩歌には抽象的妥当性があれば、未整理でも、そうとうに荒れていても十分なんだよ。つまり、言葉づかいにはわたくしなりに気を遣っているということだ。

まあ、いい。キミのことをすこし紹介しておきたい。キミの《天賦》について。

キミは生まれながらに、いろんなことができた。練習なんか、なにもしていなかったね。キミが《かあ》の初めてのプレゼントの黄色いボールを追って、つかまえたのはともかく、いきなり、ピンクのフライングディスクを口でキャッチしたのには、ほんとうに驚かされた。ほんのすこしの間に二メートル立方は完全にキミの制空権下に入ったね。正確に軌道を予見して飛び上がる姿、背走ダイブのときの眼光は今でも目に焼きついている。

それにしても、キミは高く跳べた。目の前を急にドアで遮断されると、ドアに沿って垂直に、優に二メートルは跳び上がったろう。さっそく、《地上のイルカ》の称号を贈った。ヒジョーシキにもな。

それにしても、自分の制空権を確信してディスクに対峙する姿は、《ガラハド》のように凛々しかった。あの、アーサー王を取り巻く円卓の騎士の中で、もっとも強く、もっともこころ美しく、それゆえにもっとも早く天に召されたあの騎士のように。

さらに、馬のギャロップは美しいというが、キミの着地のタイミングが、トレモロのようにすこしずつずれる、あの足並みは気高かったな。これを見て、《ガクト》から《雅駆斗》とあらためたものだ。

一体

有翼の犬であるからとほとほと後ろ姿の潮垂れぞ良き

たちどまる浅春孤丘（せんしゅんこきゅう）　相棒はしずかに振りいつその豊旗尾（とよはたお）

わだかまる心を臼に挽いておる犬は泰然放屁を完遂する

かはたれの田の水がねの水明かり犬にちろりと歌ごころ湧く

《イヌ食い》と侮るなかれ油断なく効率的に味わうておる！

あお風や水張り終えし田の勇み犬に飛躍のための弾力

露濡れの鼻を見下ろしいたりけり阿吽（あうん）よわんよ予らは一体

四回表　ケンカ好きはじゃじゃじいゆずり

散歩は大好きだ。だいたい、《とう》が連れて行ってくれる。どうやら、家でいちばんヒマらしい。

散歩のみちみち、よく吠えてくるやつの家は知っているので、タンデンに力を溜めて近づく。「うおうおう、来たなあ」「ジョートーだ、おらおら」――。《とう》は、「しない、しない」とうわべでは制するけれど、内心は「やれ、やれ」なんだ。ぼくは聴いている。名古屋の野球団の応援歌の替え歌で、「いいぞ負けるな吠えまくれ茶色い犬次郎」とやっているのを。

でも、聞いたところでは、《とう》のこういう性格には、《とう》の《ばあ》という人の影響が大きいらしい。《とうばあ》は、《とう》が子供の頃、ケンカを売られて、買わずに帰ると叱り、買って、負けて帰ると、もっと叱ったんだそうだ。つまり、「買って、勝つ」のがオキテだったらしい。こんなことやって育てられたら、性格もユガムよね。

この《とうばあ》という人は、明治維新直後の山口県の士族の反乱のシュカイだった人の孫娘だというから、《とう》はそのじゃじゃ孫になるらしい。でも、いつかそんな話が出たときに、《とう》は、じゃじゃじいは八人もいるから、ひとりぐらいは怖いのはいるものさ。あとの七人は、ウサギのようにもの静かだったんだろう、といっていたけど。

四回裏　未発の霊力とあたたかさ

イヌといっても、キミしか知らないから、一般にフエンするのも気がひけるのだけれど、キミはじつに表情が豊かだったね。ちびの頃は、よくみんなの顔色をうかがっていたが、すぐにみんなの気持ちがわかるようになった。同時に、それからは、じぶんのやっていることに自信を持ったように見えた。

もともと、日本の国では、花咲爺の話や陰陽師の話でもわかるように、イヌには「霊力」が宿るとして尊重されていたのだよ。だから、わたくしも、いつもキミの霊感に期待もし、畏怖してもいた。

キミの記憶力はジンルイの数千倍はある。一度吠えられた場所はピンポイントに覚えていて、その場所が近づくと、「さあ来い」態勢に入った。小刻みに上下動して、視線は前方、ボクサーや剣士の動きとまったく同じだったよな。

散歩の途中でも、キミが突然、キッと眼をこらすと、その双眸が神がかって見え、その期待は極限までふくらんだものだ。反対にキミが瞑目すると、これもまた崇高な預言者に見えた。しかし、どちらも未発のままにキミは去った。そうだ、さびしいときにいつもキミを抱えていたあの温かさは、今もわたくしの胸板が覚えている。

ところで、キミに気づかされた「イヌごころ」というものがいくつかある。

「驀直心(ばくちょく)」——キミは、字義どおり、ひたむきだった。わたくしに向かって来るときも、最短距離を走って来た。目は目標を直視し、両爪先はその最短を目指していた。他のことを考える余裕がなかったのか、生理的にそういう脳の構造だったのか。

「勇猛心」——闘争精神は見上げたものだった。彼我の体格差は勘定に入れない。シェパードに吠えかかるのを「おいおい」と制したことがある。むろん、先様は貫禄のご対応だったが。

「警戒心」——大好きな美容室の店長さんのゴホービのお菓子にも、けっして手をつけなかったな。が、これにはオチがある。帰りの車の中で、同じ物をわたくしが渡せば、そりゃもう。

総括しよう。簡明なのだ。《張飛》のように。

いっぽうで、忘れられない表情もある。

「待っていたのよう顔」――その美容室へ迎えに行くと、店を出た瞬間に、いつも特別に甲高い声で五、六回鳴いた。まさに甘え声。このときの顔を、わたくしたちはこう名づけていた。

「すごすご顔」――キミの行動がわたくしたちの意に反したとき、わたくしたちは、むろん、からかって、「バカイヌだあ」といった。そういうときは、いつもこちらに「流し目」を残して、退場していった。その表情はペーソスにあふれていた。

「まずいっ顔」――ただ一度、はしゃぎ回っていて、部屋から庭に駆け下りるときに、みごとに網戸を蹴破ったことがあった。その時のわたくしを見た表情。「まずいっ、ゴメンナサイッ」の目。

まさに簡明、いいやつだった。

渾身

初茜こころ淳たり犬一騎くんと鼻先なか空をみる

犬は　天道（てんとう）に向かい用を為すその尾ことのほかにうねりていたる

犬は尾の警戒解かずはねてゆくその背にゆらと春滴またがる

尾よ怒れ　無礼な犬と無礼者許し難いとわたくしも思う

吠えでなく叫びというべし渾身の犬の発声、驚倒（きょうとう）の敵に

体高の四倍五倍を跳ね上がる瞬発力はかがやいてある

暁の初片一片とどくとき俺はひとりに犬もひとりに

五回表　## 《とう》は沸騰タイプ

《とう》はよく、「せい」といって、自分に気合を入れる。ドージョーかどこかで、いつもやっていたんだろう。ときどき、「沸騰するか」というが、これはちょっと心配。

なんでも、《とう》が若い頃、尊敬していた詩人が沸騰するタチらしかったんだけれど、「心の沸騰のままにうそぶきまくる」とか、「詩句に爆薬を搭載して野に放った」とかいっていた後で、「沸騰タイプはいわゆる短歌社会向きではない」と、《とう》が自己批判しているのを聞いたことがある。

どこの社会でも、ウマクやることがダイジなのに、もう。じゃない、ワンワン。

ないか。

五回裏　**極私的沸騰論**

よくいうよ。キミこそ、沸騰の先生じゃないか。火の玉のように吠え猛っていたじゃあないか。

いくらでも思い出せる。キミの天敵のナンバーワンは、なんといっても《音》だった。飛行機、花火、雷、そのつど、吠えたじゃあないか。位置を変えない跳び方を心得ていて、あまり遠くない位置に前の両脚と後の両脚を交互について、すこしずつ回転しながら、つねに顔をこちらに向けて吠え続けた。危険を教えてくれていたんだよな。

あれが沸騰でなくてなんなんだ。

キミにとって、掃除機は許しがたい大敵だったんだよな。いつもいつもいつもいつもいつも、襲いかかったな。取り押さえると、はあはあぐるぐる、肩で息をしていたな。

キミが前に書いていたわたくしの不人気のことだが、その理由のひとつに「社会性」がないこともあるらしい。「社会性」というのは、「協調性」という「ジンセイをアイワタル」ための切符の裏側に印刷してあるんだ。前提なのだね。もちろん、苦手だ。

「社会」といってもすこし意味合いが違うが、キミへの溺愛のべたべた短歌なんかは、「社会的短歌」としては成立しない、といえるわけ。でもなあ、おれにはおれのロンリがあるんだ。ロンリったって、淋しいロンリだけどね。おう、聞いてくれているんだね。

つまりさ。詩人が沸騰するということは、詩的環境で極限まで昇りつめることだ。当然、この状況は社会的視野とは相容れない。セイジがどう、ケイザイがどう、とわざわざ書かなければゲンダイに生きていることにはならない、ってことでもない。

むしろ、詩精神を煮詰めるためには、詩的関心を《極私の杭》にケイリュウしておくのさ。そういう状況でこそ、詩的興奮は蒸留されると、これはシンソコ思う。詩的方法論をすこし考えれば、テイサイをちゃらちゃら考えるヒマはないのさ。

生前のキミも、よくおれの独り言を聞いていたね。『里見八犬伝』でも、里見公が「おまえはイヌだからいうても判るまいが」といいながらも、本心をつぶやいたというが、イヌといっては悪いが、キミらにはそう思わせる何かがあるのだ。

つまりなあ、極私とは手放し。その中にこそ、詩的沸騰は起こるんだとおれは信じているんだよ。

美舞

正確に椅子を躱して卓を蹴り最後は飛来！　予の腹上に

白鷺の夏遊ゆらりと田にそよぎわが生き急ぐ犬や喘鳴

目を細め耳とがらせる丁字路や左右はヤツの裁量範囲

感情のるつぼにあれば目と耳と前足と尾の放射・輻輳

右脚をきちと縮めて腰に矯め静止したりけり回し蹴りめき

誰が知ろうこれのこの時この美舞を天空めざすこの鋭角を

風雲を嗅ぐのであろう鼻先を空に向けたり茶の生物は

六回表　《カレン》のこと

どうやら、ソーモンというのも、短歌の大切な一部であるらしい。恋愛感情なんていうものが、《とう》のジンセイにあったのかどうか判らないけれど、《とう》はぼくの心のキビはよくわかってくれている。

散歩の時間とか、コースとか、《カレン》に会えるように考えていてくれるんだ。《カレン》は、ぼくとおんなじシェットランドシープドッグの、ぼくよりひとまわり小さくて、駆け足が速い女の子だ。穴掘りも得意で、目がかわいい。

ぼくの気持ちになって、《とう》が作ってくれた歌はぼくも覚えた。

あかねさす紫野ですホトケノザ《カレン》は見ずやぼくが尾を振る

六回裏　はつ恋

キミにいうのもまことにヘンな話だが、こんにち多くの雄性のわん公諸君は《キョ×イ》されるんだよ。世間は脅かすのさ。曰く、メスを見ると、走っていって、ああするこうする、と。メス恋しさに柵を跳び越えて脱走する、などなど。しかし、わたくしたちはそれに応じなかった。

はたせるかな、キミは貴公子だった。婦女犬への失礼は一度もなかった。ただひとり好きだった《カレン》とだって、プラトニックな関係だったよな。いつもなかよくクンクンしていたね。でも、遠くからお坐りしてカレンを眺めているキミも、なかなか雄々しかったぞ。

相聞え

駆け終えて見るこそ恋とこもごもに駆けて止まって見てまた駆ける
駆け違い駆け違う弧やイヌの幸(さち)二体二色のはつ恋のさま
虚を突いて肩をつついて彼女去る雅駆斗は終始リードされておる
冬の日に交互に叫ぶ《相聞(あいぎこ)え》おお本来の《相聞(あいぎこ)え》佳し
あいつにもひそかな思慕はあるとみえ少しはなれて見守っておる
歯並びは犬の歯並びその上のイヌの両眸はひたすら凝視
払わねばしきりに犬に雪積もるみるま真白に神さびており

七回表　センセイのことば

ぼくはとても眠かった。マスイということばが聞こえてきてから、ずうっとわからなくなっていた。気がつくと、お医者さんのセンセイが、きっとこういうのを〝美形〟というんだろう、《とう》と《かあ》に話していた。すごく静かな声。意味は、まるでわからない。

「背骨の上のほうを頸椎といいますが、その、上から二番目の頸椎の中に、かなり大きな腫瘍が見えます。よくないことに、この腫瘍は神経を覆っている膜の中にできています。つまり、手術の困難な場所です。骨を外して手術することは、いちおうは可能ですが、組織が神経繊維の束の中に入っているので、その除去は至難です。また、取っても、まちがいなく、また同じものができてきます。神経系では腫瘍といいますが、他の部位のときにはがんといっています。この位置ですから、放射線も使えません。これに効く薬は、残念ながら、まだ見つかっておりません。造影剤を使ったものを見ると、その部分に血液が集中していることが明らかに認められます。このことから、この部分が現在、かなりの速度で大きくなっていると推定できます。異状が見えてから三か月でこの大きさですから、この傾向は止まっていないと考えられます。この腫瘍が神経を圧迫していることから、今の歩行障害が出ていますが、これが進行しますので、この子もいずれは立てなくなり、当然、まったく歩けなくなり、食べられなくなり、呼吸ができなくなります。それは、これから三か月か、四か月後と思われます。」

《かあ》が泣き伏した。《とう》はいくつか質問していた。「キュー・オー・エル」とかもいっていたそうだ。センセイの言葉の中には、《とう》の質問への答も入っていたような気がする。

また、センセイの声。前のより、すこし小さく、やさしい。

「奥さん、この子の前でお泣きにならないでください。イヌは敏感に人の心を見ます。今ここで泣かれても、私が奥さんに何か悪いことをいったので、奥さんが悲しんでおられる、とこの子は考えていると思います。でも、この子と二人だけのときにはけっしてお泣きにならないでください。この子は自分が悪いことをしたとか、奥さんに悪いことが起こったとか、いろいろ考えますから。可哀相ですよ。」

見上げたら、悲しそうだけれど、にこにこしてぼくを見ていた。やはり美形だ。

七回裏　桐の花

キミの坐り方がヘンだ、と言い出したのは《にい》だ。お坐りの状態だと腰がずるずる後ろに下がるから、しょっちゅう坐り直している、という指摘だ。キミは《にい》をいちばん尊敬していたから、《にい》の食事中はずうっと「控えて」いたからな。

そのうちに、歩行もおかしくなった。かかりつけの先生からは、内臓も骨格も正常です、といわれてはいたが、二月からずうっと観察していた。そうしていたら、四月になって、「東大の動物医療センターに行けばＭＲＩが受けられますが、どうですか？」といわれた。

動物医療センターに着いたときには、元気よく車から飛び降りたよな。桐の花がほんとうにキレイな、風の涼しい五月の朝、キミを先生の手に委ねた。それから、全身麻酔やらなにやら。説明があったのは、ほかの患者が、みんな帰った六時半。キミは、あの話をよく聞いていたんだね。わたくしはキミの顔と先生の顔と説明板と《かあ》の顔を、四分の一ずつ見ていたように思う。それにしても、正確な記憶だね。

東大の権威

光みち葉の青薫る四月尽イヌの視線は死を追うておる

東大の権威にすがりイヌを連れ通過するなる五月の弥生門

難病は目の色深くやどりいてＭＲＩの処理に怯えず

桐の花まかがやきおり　あのものは全麻とやらの夢にたゆたい

東大の権威をもって告げられるあと三、四か月と思われますと

妻は泣く美形の医師は目を伏せるおれはマージャン・フェイスをつくる

ほそ頸に腫瘍かかえてうずくまるその眼にちらとブルース・リー風の哀愁

八回表

ぼくはとうに枠を出たんだけれど

さいきん、ぼくは動きがすくなくなったらしい。からだが重くて、しびれている。ぼくがしょぼく、はらばいになっていると、《とう》はよくぼくの両手をにぎってくれる。そんなとき、《とう》はきっと、ぼくの昔のことを思い出しているんだろう。このあいだは、「犬次郎も、ちびのころはケージの中でよく暴れていたな」と懐かしそうに、にこにこしていた。「枠があると暴れたくなるんだよな」ともいったかな。短歌も枠なんだそうだ。ぼくは、枠なんか、半年で出たのに、《とう》はまだ入っている。よくやるよな。

八回裏　雪うさぎ

キミがいなくなる。考えても恐ろしいことだった。しかし、現実は冷酷だ。

まず、病魔は、キミの前脚の足首を襲った。爪先が上がらないので、両前足の爪が血で染まる。赤ちゃん用のソックスをはめて、テーピングする。キミは、それでも散歩に出たがる。でも、どうしても疲れが出てくる。脚に力が入らないので、首輪をやめて胴輪にしていたから、それで吊り上げる。

キミはマリオネット状態になりながらも、「まだまだ」とファイティングポーズをとる。一〇〇分以上あった散歩時間は、四〇分に、三〇分に、そして一〇分になった。

最後の散歩は、新調した台車で出かけた。《大谷刑部》のように堂々と。公園に着いたときに、《カレン》はいなかった。顎を地面につけていたが、男の子が寄ってくると、顎をすこしだけ持ち上げて、ちいさく尾を振った。ここで、《かあ》がタオルを投げた。

かかりつけの先生によるステロイドの投与。わたくしの友人で、ジンルイの名医のアドバイスによる大量のビタミンCの投与。アニマルセラピーミュージックの演奏。勤め先の友人からのテレパシー療法。いろいろな人の好意があった。

わたくしにできたのは、日々夜々の「お背中マッサージ」と、習いたての「気功初級編」。腫瘍の細胞分裂を抑えるお守りの青のバンダナも、その智恵の一環だった。

背中は丸く縮んできた、雪うさぎのように。

七月十六日は仕事を休んで、一日看護していた。朝の十一時にお迎えが来た。キミは世にも安らかに目を閉じた。世にも深いまなざしを永遠に閉じてしまおうとした。「まずい！」、慌ててキミの頬を叩いて、ミルクを運んできた。そして、その日はワルキューレにお引き取りいただいた。だが、それも、一日だけの猶予だった。

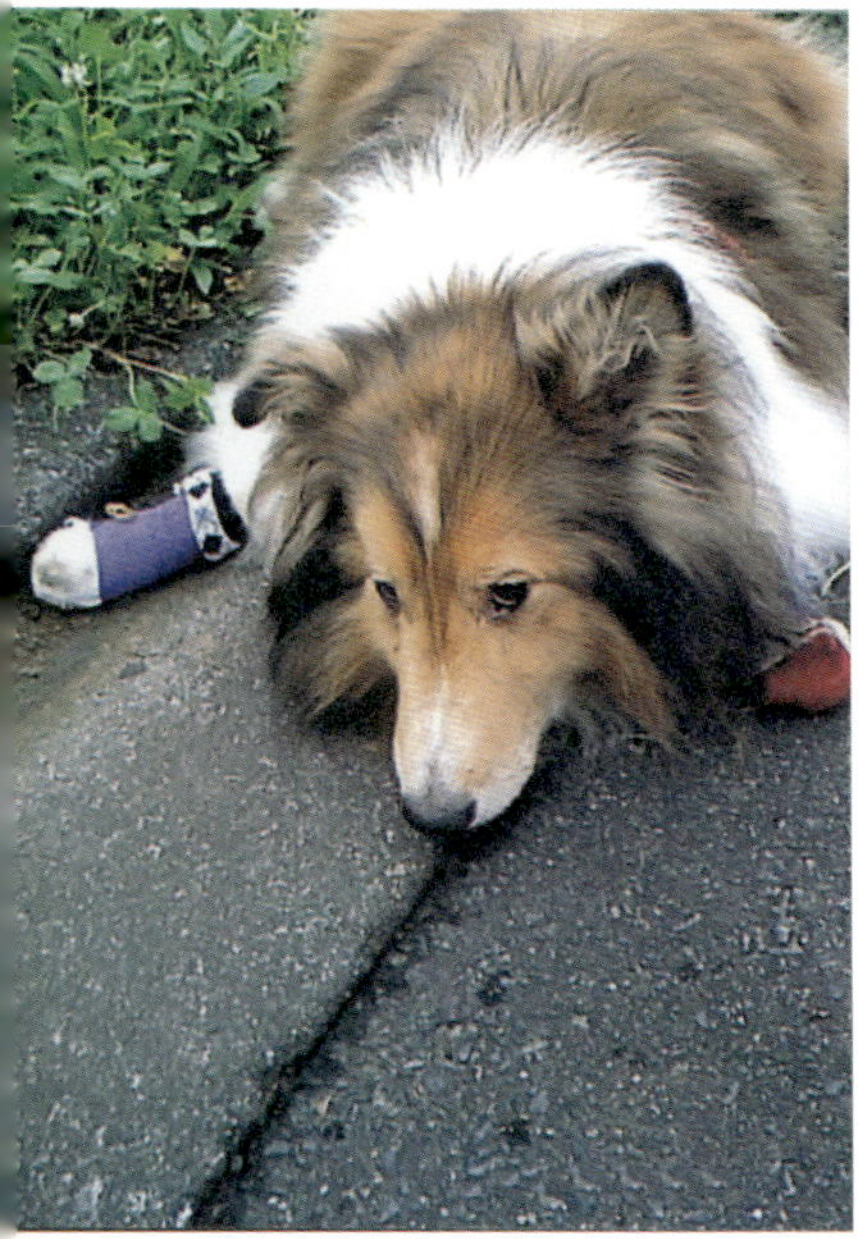

わんきゃん胸に迫る

病得て目のふかぶかと澄み透る孤犬そなたの視線を好む
病変の色いよ冴えてその雄は親しみの尾をさらさらと振る
眼を閉じて犬はひとり身その背中に南天の花白くほつれる
深く病み庭のかたえに午睡取る覚めれば背中に苦痛もどるに
ちからなくうずくまる背は雪うさぎわんきゃん胸に迫る思いや
強敵を夢に迎えて啀(いが)むとや激しく腰をゆする勇壮
雅歩雅走(がほがそう)まばゆい春はつつと去り「真夏の死」なる呪言ちらつく

九回表　ぼくの行く末とみんなのこと

すこし眠いけれど、とても心が静かで、なんとなく、ぼくと《とう》がこれからどうなってゆくかを考えている。

ぼんやり、わかる。ぼくはもうすぐ生まれる前の形にもどるんだろう。でも、ぼくが大事にしてきた《にい》や《かあ》や《とう》への、ああどうしても偉い順にならべてしまう……、《にい》や《かあ》や《とう》への、それから《カレン》への思いは、ぼく自身が消えても、ぼくの首輪かなんかに残るんだろう。それから、ぼくがよく寝転んでいた芝生にも残るんだろう。

それを見て、みんな、ときどきぼくを思い出してくれるんだろう。

そのあと、《とう》がどうなるかはわからないけれど、ぼくとおなじ「ニンゲン」だから、いずれは《とう》もぼくとおなじようになるんだろう。そうして、《とう》が作ってくれたぼくの歌もフウカするんだろう。

いつも誰かを待っているのがぼくの仕事でもあって、ぼくのジンセイでもあった。でも、今日は、ふしぎに誰のことも待っていない。反対に、誰かがぼくを待ってくれているような気がする。

おひさまが、今日はずうっと温かい。ぼくは、いつもより、ほんとうに眠くなった。

《とう》の歌がはっきりと、でも、すこしぼんやりと聞える。ぼくのいちばん好きな歌だ。

土曜朝ぼくとおまえの悠トピアもじょじょをすればぺろろと返す

九回裏　**キミからあいつへ**

家に戻ると、ほんとうに安らかに眠っていた。ワルキューレに引き取られた勇者の顔だった。

「《とう》、歌を作らなきゃだめだよ」

「ああ、初七日はキミの七歳の誕生日だろ。そのときには、一〇八首はお供えするよ」

《かあ》も、《にい》も、《にい》のともだちも、悲しんでいた。

わたくしは段ボールで、天国行きの飛行船を拵えた。せいいっぱいキレイに艤装の紙を貼った。《かあ》が用意してきた花をみんなでそなえた。かわいそうに、花たちは、すこし荒々しくちぎられた。またたくまにキミは凛々しい《ガラハド》になった。

雅駆斗、サヨナラ。これ以降、キミをキミと呼ぶことはないだろう。

キミは遠いお星さまになる。これからあとは、「あいつ」と呼ぶことになるだろう。

ガラハド

日に日に　髄の指令の弱まれば顎は日ごとに地に近づけり
まがなしき眼をのぞきこむ至近から病とそなたを切り離しがたく
また午睡かつての長き背のようにそなたの夢もすらりとあれよ
前脚を保護ソックスに覆われてそれでも凛と小走りをせり
地球上の誰もなおせぬものということの有様や脊髄腫瘍
脊髄に修羅棲みてより忘れたる甘えくんくんぺろぺろの所作
さるすべり日の集結の下に臥しガラハド瞑(つむ)る白のまほろば

あいつの面影

108首

黒風は命盛（いのちざかり）に撃ちかかりいともやすやすと滅ぼしにけり

☆

天波（あまなみ）に誘われるまま肉体は旗の尾振りてついて逝きにけり

眼を開き穏やかなりに口を閉じひとり逝きたりあわれ雅駆斗や

ぬけぬけと美貌と呼ぼう犬ざかり男盛りの死に顔なれば

ゆったりと小暑明かりに光りおる戦い済んだ美貌ゆるやか

走るために生まれ来た分走り終え満足せるか平穏の貌

見飽きない仕草を終日演じたるプログラム終えていま横たわる

ステロイドを肉に混ぜては投与せし七十四日苦闘のいのち

芳醇な記憶ばらまき駆け抜けし駿犬キミはまだあたたかい

雅駆斗よ楽になったろう俺はかぎりなくさびしいが

西に行くキミのお船を拵えたサヨナラ雅駆斗お花を入れよう

ひとり身にひそと逝きたるそのことが不憫(ふびん)でならず百合強く折る

イヌもおれもおれのうからもことごとく分裂の魔力に打ち据えられており

☆

後脚（こうきゃく）の起爆のもとの核心をただ横たえて朝の陽にある

儚さを絵に描いたよう毛も眠り襲うことなき牙もまた眠る

ガクの鼻に《おはなくんくん》触れておりこれぞ最後の《就眠儀式》

文字通り太く短い生であった真っ逆様に階くだるなど

お守りの青のバンダナ背に掛けて鉄扉の中に勇躍入る

健気ぞ　今生最後おお雅駆斗腫瘍細胞とともに劫火を泳ぐ

この獅子は身中の虫と刺し違え細胞はらと散らして発てり

恐るべし髄内腫瘍半年であの精巧をほろぼし尽くす

☆

一式のさざれの骨は小暑朝火に洗われて炯炯(けいけい)とあり

全身の骨は病に削られてざくざく粗粗を具現せりけり

「これは成犬の骨には見えません」とぞ　よく耐えたなあお利巧だ雅駆斗

お医者より火葬係は知っている骨への腫瘍の凶魔悪暴

集骨の箸齧りかけにことして尾を見せて去る昨日までいたやつ

火葬後のほぼ十分の涙雨さらと拭われ小暑まぶしき

ひといきに乱離骨灰(らりこっぱい)となりし身や雅駆斗サヨナラ賢こかったぞ

それなりの下載（あさい）の風に休まれよイヌの御身には過大なりし負荷
寝たきりを十二日にて切り上げて颯爽雲を渡る雅駆斗や

☆

人が泣く闇の精すら涙する小暑深更大気濃密
やや熱い耳へのぺろろの丹念を《起床儀式》として六年ありき
薄明にすがすがしくも立つものは火で洗われたあいつの面影
凭（もた）れさせきれいきれいとシャンプーをしたのがわずか三日の昔
起き抜けの心にひやり風沁みる風を探せばもとよりあらぬ

尾を立てて去りしあいつや悲しみを言葉に変える課題を残し

数多くの繊月（ほそづき）となりたる雅駆斗ならばいずれ壺より立ちのぼるべし

犬死の割にはキミは果報者お花たくさん気持ちたくさん

二日前アイス最中の七割をキミの三割のために齧りき

跳ね起きて《地上のイルカ》そのままに高高飛翔あいつの面影

呪わしい腫瘍の鎖引きちぎり優雅に駆けるあいつの面影

生病死（しょうびょうし）、老の苦悩を知らざればそなたを幸せと思うことにしよう

かなしみの目を見開ける仰角の無言愁訴やあいつの面影

激痛も痺れもあるになめらかにただおれを見た黒の両眸子（りょうぼうし）

土砂降りのお散歩なれど嬉嬉として右に左に揺れてありしよ

純愛は七年弱の物語あの得意顔ときに失意も

そなたとの足ふみゲームの勝敗は九九九勝九九八敗

欲得も思惑もない眼をむけてぼんやり日がな庭を見ていた

雨催（あめもよ）い信号見上げみおろせばきちりお坐りあいつの面影

徒花（あだばな）といえば徒花かけぬけてお星となりぬ足の裏まで

有機質の結末なれど恋恋とまだくすみおるあいつの面影

さびしさの抗体いまだ身に在らず誕生日兼初七日の今日

待つことに生涯の大半費やして末期（まつご）ワルキューレに待たれてありき

おれの裡の血液皆朱（かいしゅ）一切をこぞって嘆く「雅駆斗が死んだ」

☆

そもそも　命に形はないゆえに雅駆斗そこここに居る

まぎれなく生（なま）のあいつの声がするチチチチ走る爪の音する

ふさふさの胸のエプロンそらせつつ朝飯まつも日課であった

敏捷を繰り返しつつ継ぐ息の作動は無限と見えたるものを

病み沁みてマリオネットになりつつも眼だけは毅然あいつの面影

面影はみどりの芝をひた駆ける脚の運びのトレモロの顫(せん)

「会いたい」とその人がいうそのせつな堰(せき)をぶち切るおれの会いたさ

あそこここあいつの皿に吸飲みにあいつの倒したままの恐竜

蒼白の病のナイフに削られてほそき背筋にへぼマッサージ

おれを待ち会えず逝きたるやさ犬の終(つい)の視線の浅葱(あさぎ)を思う

キミのだよコアラ・ダックにモンスター全て洗ってかんかんと干す

キミの居たお庭に白い花がさく白く大きいけれどさびしい

キミは　杓子定規の世の中でおおいに伸びて縮んでみせた
すぱあんとアルバム閉じて深深とまた沈みゆく犬恋いの藍

☆

キミの前お水の横に置いてみる「よし」が待てないプチシュー二つ
へつらいも屈託もない首だった皿にミルクをどぼどぼと注ぐ
雲のへり黄色入り組む霊妙の光の襞に雅駆斗たたずむ
温恭の性なりければその六年牙なる匕首(ひしゅ)は遂に用いず
夏空やあいつがいないそれだけでこの守谷野はからからの色

雅駆斗の　等身大の空間を今また彼と等速に追う

街の道たてよこななめ道すべて千も万ものあいつの面影

鞄より筆記具につき出てきたるキミの一本かたしろとなる

床ずれの胸を反らせて足掻(あが)きつつ渾身毅然あいつの面影

遠吠えは夜風と霧をよすがとしはろばろ俺の枕におよぶ

☆

仕事場のデスクの下まで尾(つ)いてきて膝によろけるあいつの面影

寂しさの広義語なればつまらねえとキミの写真にまたもつぶやく

車窓には予を追尾する星の群れそういえば《斗》は天の星の意
純情の牧羊犬の面影はいまなおひらり六尺を跳ぶ
循環の臓器ゆがめて筑波嶺を遠く見ておる彼のふる里
脚の血をものともせずに立ち上がり小走る背中あいつの面影
ながながとアキレス腱を際だててシャープに曲がるあいつの面影
脚萎えて助けを求め泳ぐ目に刹那、あいつの「切な」横切る
世にあれば花野駆けるか風踏むか鳩と競うかあいつの面影
生物としての徳目余すなくかれは日ごとに見せていたものを

駆け寄りて笑うくちもと前脚も遠潮騒となりて枕辺

☆

特性は俊敏六歳牧羊犬温厚にして遂に童貞

おりおりのかれの心の標章（ひょうしょう）ぞやさ尾ゆたか尾泣き尾さびし尾

足裏の弾性体の反発を握り返して終日おりたりき

膳に着きあいつの顎の感覚を膝に求めて小半時居る

態勢をしおれながらも立て直し四歩あるいたかれの精魂

目知らせを素早く呉れて吠え猛る地震の予告いくどもありき

二十四時ゆるゆる過ぎてあした五時またもやめぐる《お出かけ時刻》

はらはらと朝の仕組みによみがえるそなたの動き声そして息

おれの見る視線を追うて意図を読むそんな生体があの時は居た

払暁の微笑の口にほの見える牙の清さがおれを励起した

幼犬の波頭見る間に成犬となり割れて砕けて裂けて散りたる

まざまざと坂上りくる面影にあの満面の得意が見える

殷殷（いんいん）と空耳にあえぐ夜半かなときにはんはんはんううはんはんはん

神さびて夢に降り来てわが雅駆斗世にも柔和の笑みを浮かべつ

この日ごろ極私の歌に服属しかれの歌より一歩も出でず

ひやびやと短命しのび盃をずるり空けおり体腔（たいこう）の芯へ

この部屋にあいつの匂いはもうわずかわずかを偲び部屋隅に寝る

西の空茜の色をかき分けて駆け下りてくる雅駆斗の豊旗尾

☆

秋雲の寄せて帰らぬ波形かなかえすがえすもそなたに会いたい

エピローグ

《雅駆斗》は星になった。しかし、その星は、アルティザンの手を経て、ステンドグラスの《静物》となって机上に戻ってきた。今は、わたくしの作文の工程管理をしてくれている。

幼犬はまたたくまに成熟美をそなえるようになり、満ちるやいなや欠け始めた。閉じられてみれば、七年弱の純愛の日々であった。世に愛犬家は多い。悲しみはわたくしだけのものではないと、沈み込む心を督励して、未練という霊獣の白紙への投影を試みつづけた。

みずから読み返しても、嫌味の残る悪著だが、このようなプロセスででも、二〇〇二年七月二十三日に生を受け、同年九月十五日から二〇〇九年七月十七日のあいだ、わたくしの目の前、心の中央で、生命の美しさを舞い切って見せてくれた、ひとつの生命体にまつわる、哀惜と敬意があらわされれば本懐である。

静物

あざやかに死ねるものかな秋空にはえりまきほどの雲も見えざる

生存の証し早くもたじろげば庭に芝生は勢（せい）を戻しつ

生物は静物となり額のうち耳を立てつつ目でわらいつつ

彼の名を呼ぶな濫りにいややたらに淋しい《今》が悲しくなろう

悲しみのつのりつのりてとよむ日は終電ホームに擱坐（かくざ）せりけり

夜な夜なに夢の枕にひた及ぶ犬潮騒（いぬしおさい）に蒼く溶けゆかん

かつてのこと渋谷で犬が人を待つこんにち犬を待つ男あり

追而

彼の一周忌にこれを出したかった。が、そのころは有害図書『正十七角形な長城のわたくし』の仕上げ作業中であった。同著のリリースも終えた今、改めて《甲矢（はや）》に次ぐ《乙矢（おとや）》としてこれを放ち、あぶなげな流鏑馬（やぶさめ）を駆け終えたい。この、前著からのスピンアウト版に対し、北冬舎柳下和久氏から新しい様式を用意して頂けた。しあわせな本である。

なお、作中には一連での流れもあるが、生物的存在のときは《犬》、心理的存在のときには《イヌ》と書くくせが出ている。

著者略歴

依田仁美
よだよしはる

1946年(昭和21)1月25日、イヌ年生まれ。「短歌人」同人。「現代短歌 舟の会」代表。website「不羈」運営人。日本空手道制護会員。日本短歌協会常務理事。現代歌人協会会員。歌集に『骨一式』(83年、沖積舎)、『乱髪―Rum Parts』(91年、ながらみ書房)、『悪戯翼(わるさのつばさ)』(99年、雁書館)、『異端陣』(2005年、文芸社)、『正十七角形な長城のわたくし』(10年、北冬舎)。
住所＝〒302-0124茨城県守谷市美園3-9-5
Eメール＝uu3y-yd@asahi-net.or.jp

依田雅駆斗　シェットランド・シープドッグ。登録名＝シャリオット(二頭立て戦闘用馬車)。愛称＝犬次郎、がっくんなど。2002年7月23日、筑波市生まれ。同年9月15日、依田仁美と異種養子縁組。その後、一時期、守谷ペットランドに学ぶ。特技＝跳躍。趣味＝足踏みゲーム。09年7月17日歿、行年6歳。法名＝豊尾院優翼俊敏犬士。

あいつの面影(おもかげ)

2011年7月10日　初版印刷
2011年7月17日　初版発行

著者
依田仁美

発行人
柳下和久

発行所
北冬舎
〒101-0062東京都千代田区神田駿河台1-5-6-408
電話・FAX　03-3292-0350
振替口座　00130-7-74750
http://hokutousya.com

印刷・製本　株式会社シナノ

定価：[本体2000円＋税]
ISBN978-4-903792-31-6　C0095
落丁本・乱丁本はお取替えいたします